Rami Joseph

Efeito do pó de SiO_2 amorfo e cristalino nas propriedades do betão

Rami Joseph

Efeito do pó de SiO_2 amorfo e cristalino nas propriedades do betão

Melhorar as propriedades do betão com a adição de pós nanométricos de SiO_2 amorfo e cristalino na mistura de betão

ScienciaScripts

Cover image: www.ingimage.com

This book is a translation from the original published under ISBN 978-3-659-82767-9.

Publisher:
Sciencia Scripts
is a trademark of
Dodo Books Indian Ocean Ltd. and OmniScriptum S.R.L publishing group

120 High Road, East Finchley, London, N2 9ED, United Kingdom
Str. Armeneasca 28/1, office 1, Chisinau MD-2012, Republic of Moldova, Europe
Printed at: see last page
ISBN: 978-620-8-35513-5

Investigar e comparar o efeito da adição de nano SiO2 amorfo e cristalino nas propriedades do betão

Por
Rami Joseph Aghajan Sldozian

Dedicação

Dedico este trabalho à minha família e a todos os que me apoiaram na sua realização.

Rami Joseph

Agradecimentos

Agradeço ao Senhor Jesus Cristo, que me deu a capacidade de concluir este trabalho, e a todos os que contribuíram para me ajudar.

Índice

Resumo

Neste estudo, o estudo incluiu a comparação entre a sílica amorfa e a sílica cristalina (quartzo), e com tamanho à escala nanométrica, dois tipos de sílica foram adicionados ao betão em proporções (5%, 10%, 15% e 20%) como substituição do peso do cimento. Foram realizados ensaios destrutivos e não destrutivos nos provetes, os resultados mostram que no ensaio destrutivo a resistência à compressão e à tração aumentam na proporção de adição de 15% em peso em ambos os tipos de sílica, mas na sílica amorfa foi mais elevada do que no quartzo. Os resultados dos ensaios não destrutivos mostram que a proporção de 15% em ambos os tipos de sílica (martelo de Schmidt) apresenta uma dureza mais elevada do que as outras proporções. O ensaio ultrassónico (velocidade das pústulas) revelou que a sílica amorfa apresenta uma melhor qualidade com uma proporção de 15% e que a velocidade das pústulas é mais rápida.

Introdução

A indústria do betão tem assistido nas últimas décadas a um grande desenvolvimento na produção de novos tipos de betão para a construção de instalações fiáveis em propriedades em termos de acessibilidade infligida pela alta pressão e durabilidade [1]. Em muitos casos, a capacidade de manutenção das estruturas deterioradas torna-se uma questão importante e, por conseguinte, a solução económica é frequentemente a utilização de reparações de remendos [2]. Os nanomateriais têm atraído muito interesse científico devido ao desempenho potencialmente novo das partículas à escala nanométrica (10-9 metros). As partículas à escala nanométrica podem resultar em propriedades drasticamente melhoradas ou diferentes das dos materiais convencionais de tamanho de grão com a mesma composição química. Assim, as indústrias podem reestruturar muitos produtos existentes e conceber novos produtos que funcionem a níveis sem precedentes. As nanopartículas podem tornar os materiais de construção tradicionais mais fortes e mais duros, conferindo-lhes maior ductilidade e maleabilidade. No entanto, as actuais aplicações destes materiais limitam-se principalmente à produção de tintas compósitas anti-envelhecimento, anti-sépticas, de ar purificado ou de outros materiais de construção ecológicos utilizando nano-TiO2, nano-SiO2 ou nano-Fe2O3. Há pouca investigação sobre a mistura de nanopartículas em materiais à base de cimento [3]. Tendo em conta o acima exposto, o objetivo do estudo foi investigar as influências do nano-SiO2 em argamassas de cimento. A sílica de fumo em microescala e na forma de pó com SiO2 variando de 85% a 95% tem sido usada como substituto parcial do cimento ou como aditivo quando propriedades especiais são desejadas. Muitos estudos que investigaram a utilização de sílica de fumo como substituto parcial do cimento em combinação com superplastificante mostraram um aumento significativo da resistência do betão. O desenvolvimento de um betão de ultra-alta resistência foi possível graças à aplicação de DSP (Sistema Densificado contendo Partículas Ultrafinas homogeneamente dispostas) com superplastificante e teor de sílica de fumo. A sílica amorfa ou vítrea, que é o principal componente de uma pozolana, reage com o hidróxido de cálcio formado a partir da hidratação dos silicatos de cálcio. A taxa de reação pozolânica será proporcional à quantidade de área de superfície disponível para a reação [4,5].

Capítulo 1
Conceitos teóricos

1.1 O betão como material de construção

O betão é a estrutura composta por vários materiais, sendo que a maior parte desta arquitetura são os agregados, que se mantêm juntos com alguma da massa de imagem pétrea, e que devido à pasta revestida de agregados de betão, que os químicos endurecem como resultado da interação entre o cimento e a água. [6].

O betão no estado endurecedor é como a rocha e tem uma elevada resistência à compressão, mas no estado de viscosidade do betão pode formar a pasta através de qualquer molde necessário.

Estrutura do betão, agregados, cimento e água de amassadura e, em alguns casos, utilizam-se alguns aditivos químicos para melhorar certas qualidades do betão. Neste livro, abordaremos com algum pormenor os aditivos em termos de tipos e funções, caraterísticas e modo de os utilizar. Os aditivos são materiais - não agregados, cimento e água - adicionados à mistura de betão durante o processo de mistura, em quantidades muito pequenas, com o objetivo de conferir ao betão fresco ou ao betão endurecido propriedades específicas, tais como as exigidas: [6]...

1. Acelerar ou atrasar o tempo de regulação.
2. Reduzir a taxa de abatimento do betão.
3. Reduzir a incidência de separação de partículas.
4. Aumentar a resistência inicial do betão.
5. Obter elevada resistência ao betão.
6. Get Concrete é impermeável à água ou betão celular ou betão com receitas especiais.

1.2 Tipos de betão

O betão é qualquer produto ou massa fabricado através da utilização de um meio de cimentação. Geralmente, este meio é o produto da reação entre o cimento hidráulico e a água. Mas, hoje em dia, mesmo uma tal definição abrangeria uma vasta gama de produtos: o betão é feito com vários tipos de cimento e contém também pozolanas, cinzas volantes, micro-sílica, aditivos, polímeros, fibras, etc.[7].

Os tipos de betão Com base na densidade, o betão pode ser classificado em três grandes categorias. O betão que contém areia natural e brita ou agregados de rocha britada, geralmente com uma densidade de cerca de 2400 kg/m3, é designado por betão de peso normal e é o betão mais utilizado para fins estruturais. Para aplicações em que se pretende uma relação resistência/peso mais elevada, é possível reduzir o peso unitário do betão utilizando agregados naturais ou piroprocessados com menor densidade aparente. O termo betão leve é utilizado para betões com densidade inferior a cerca de 1800 kg/m3. O betão pesado, utilizado na proteção contra radiações, é um betão produzido a partir de agregados de elevada densidade e, geralmente, com uma densidade superior a 3200 kg/m3.

1.3 Cimento

O cimento Portland é fabricado através do aquecimento de uma mistura de calcário e argila, ou outros materiais de composição semelhante e reatividade suficiente, até uma temperatura de cerca de 1450°C. Ocorre uma fusão parcial e são produzidos nódulos de clínquer. O clínquer é misturado com alguns por cento de gesso e finamente moído para fazer o cimento. O gesso controla a velocidade de presa e pode ser parcialmente substituído por outras formas de sulfato de cálcio. Algumas especificações permitem a adição de outros materiais na fase de moagem.

O clínquer tem normalmente uma composição da ordem dos 67% de CaO, 22% de SiO2, 5% de AI2O3, 3% de Fe2O3 e 3% de outros componentes, e contém normalmente quatro fases principais, designadas por alite, belite, fase de aluminato e fase de ferrite. Várias outras fases, como os sulfatos alcalinos e o óxido de cálcio. Estão normalmente presentes em quantidades menores. A alite é o constituinte mais importante de todos os clínqueres normais de cimento Portland, dos quais constitui 50-70%. É um silicato tricálcico (Ca3SiO5) modificado na sua composição e estrutura cristalina pela incorporação de iões estranhos, especialmente Mg2+, A13+ e Fe3+. Reage de forma relativamente rápida com a água e, nos cimentos Portland normais, é a mais importante das fases constituintes para o desenvolvimento da resistência; em idades até 28 dias, é de longe a mais importante. A belite constitui 15-30% dos clínqueres normais do cimento Portland. É um silicato dicálcico (Ca2SiO4) modificado pela incorporação de iões estranhos e normalmente presente na totalidade ou em grande parte como polimorfo. Reage lentamente com a água, contribuindo assim pouco para a resistência durante os primeiros 28 dias. Mas substancialmente para o aumento adicional de resistência que ocorre em idades posteriores. Ao fim de um ano, as resistências obtidas a partir da alite pura e da belite pura são praticamente as mesmas em condições comparáveis. A fase de aluminato constitui 510% da maioria dos clínqueres normais de cimento Portland. É aluminato tricálcico (Ca3AI2O6), substancialmente modificado na composição e, por vezes, na estrutura também pela incorporação de iões estranhos, especialmente Si4+, Fe3+, Na+ e K + . Reage rapidamente com a água e pode causar uma presa indesejavelmente rápida, a menos que seja adicionado um agente de controlo da presa, normalmente gesso. A fase ferrite constitui 515% dos clínqueres normais do cimento Portland. Trata-se de aluminoferrite tetracálcica (Ca2AIFeO5) substancialmente modificada na posição do milho pela variação da relação AI/Fe e pela incorporação de iões estranhos. A taxa a que reage com a água parece ser algo variável. Talvez devido a diferenças na composição ou outras caraterísticas, mas em geral é elevada inicialmente e intermédia entre as da 'alite e da belite em idades posteriores [8].

1.4 Hidratação do cimento

Na presença de água, os silicatos e aluminatos (Quadro 2.1) do cimento Portland formam produtos de hidratação ou hidratos que, com o tempo, produzem uma massa firme e dura - a pasta de cimento endurecida. Os dois silicatos de cálcio (C3S e C2S) são os principais compostos cimentícios do cimento, sendo a hidratação do primeiro muito mais rápida do que a do segundo. Nos cimentos comerciais, os silicatos de cálcio contêm pequenas impurezas provenientes de alguns dos óxidos presentes no clínquer. Estas impurezas têm um forte efeito sobre as propriedades de hidratação dos silicatos. O "impuro" (C3S) é conhecido por alite e o "impuro" (C2S) por belite. O produto da hidratação (C3S) é o hidrato microcristalino (C3S2H3) com alguma cal separada como Ca(OH)2 cristalino; o C2S comporta-se de forma semelhante, mas contém claramente menos cal. Atualmente, os hidratos de silicato de cálcio são descritos como C-S-H (anteriormente referido como gel de tobermorite), sendo a hidratação aproximada escrita da seguinte forma

Para C3S:
2C3S + ------------------6H► C3S2H3 + 3Ca (OH)2
[100] [24] [75] [49]
Para C2S:
2C2S + ------------------4H► C3S2H3 + Ca $(OH)_2$
[100] [21] [99] [22]
Os números entre parêntesis são as massas correspondentes e, nesta base, ambos os silicatos requerem aproximadamente a mesma quantidade de água de hidratação, mas o C3S produz mais do dobro da quantidade de Ca(OH)2 que é formada pela hidratação do C2S.

A quantidade de C3A na maioria dos cimentos é comparativamente pequena;

a sua estrutura de hidrato é de uma forma cristalina cúbica que está rodeada pelos hidratos de silicato de cálcio. A reação do C3A puro

A reação do C3A com a água é muito rápida e conduziria a uma presa rápida, o que é evitado pela adição de gesso ao clínquer de cimento; mesmo assim, a taxa de reação do C3A é mais rápida do que a dos silicatos de cálcio, sendo a reação aproximada:

C3A + --------------------- 6H► C3A H6

[100] [40] [140]

As massas entre parêntesis mostram que é necessária uma maior proporção de água do que para a hidratação dos silicatos[7].

1.5 Sílica (SiO2) [9].

Sílica é o nome dado a um grupo de minerais compostos por silício e oxigénio, os dois elementos mais abundantes na crosta terrestre. A sílica encontra-se normalmente no estado cristalino e raramente no estado amorfo. É composta por um átomo de silício e dois átomos de oxigénio, resultando na fórmula química SiO_2.

Existem dois tipos de sílica

1. Formas cristalinas de sílica

Existem três formas cristalinas de sílica: quartzo, tridimite e cristobalite. Estas três formas têm todas a mesma fórmula química

SiO_2, mas diferem na forma como os átomos de silício e de oxigénio estão menos compactados do que no quartzo, pelo que apresentam gravidades específicas mais baixas:

Formulários	Gravidade específica
Quartzo	**2.65**
Cristobalite	**2.32**
Tridimite	**2.28**

A tridimite e a cristobalite são as formas de sílica de alta temperatura, enquanto o quartzo é a forma estável até 870 °C. A gama de estabilidade térmica da tridimite situa-se entre 870 °C e 1470 °C, e a da cristobalite entre 1470 °C e o ponto de fusão a 1710 °C, acima da qual se forma o vidro de sílica ou quartzo fundido (amorfo), uma forma não cristalina de sílica.

2. Sílica amorfa

Uma importante forma não cristalina de sílica é a sílica fundida, formada pelo aquecimento de qualquer forma acima do ponto de fusão e depois

A pequena quantidade de matéria orgânica presente aumenta a fraca plasticidade do corpo.

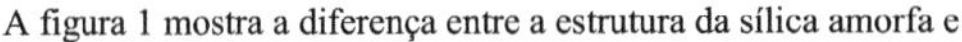
A figura 1 mostra a diferença entre a estrutura da sílica amorfa e

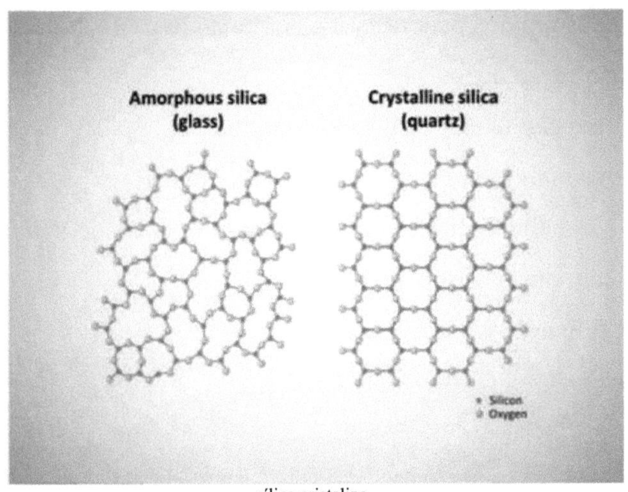

sílica cristalina

1.6 Ensaio de martelo Schmidt [6]

O martelo Schmidt é utilizado para definir o número de ressalto, onde o trabalho do dispositivo depende da teoria que afirma que a força de ressalto da massa flexível, depende da superfície, que colide com a força. Utiliza este número para se orientar pelo ressalto para o valor aproximado da resistência à compressão do betão.

Vantagens do martelo Schmidt:- O martelo Schmidt é um martelo de precisão.

1. Dispositivo de pequenas dimensões que pode ser utilizado nos locais de trabalho e transportado na mão.
2. Dá resultados rápidos para resistir à compressão e é fácil de utilizar.
3. O betão não causa danos.
4. O dispositivo não requer disposições complexas.
5. Dispositivos mais baratos utilizados para o efeito.
6. Suportar o trabalho árduo de implementação no local de trabalho em comparação com outros dispositivos.
7. Fácil de calibrar de vez em quando.

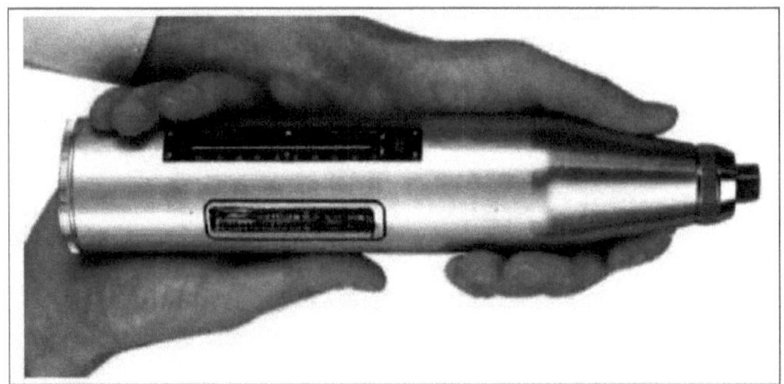

Fig2 Dispositivo de martelo Schmidt

O funcionamento do dispositivo:- O funcionamento do dispositivo

1. Iluminar premindo os botões da cabeça do dispositivo móvel
2. O dispositivo é colocado verticalmente sobre o local a testar e, em seguida, pressionando o dispositivo, desliza-se para a cabeça do dispositivo. antes do seu desaparecimento e sempre que o martelo bate na cabeça (choque).
3. Aquando da ocorrência do choque, o dispositivo deve estar completamente na vertical sobre a superfície do laboratório, sem tocar no botão do dispositivo.
4. Quando os rolos do bumerangue de colisão martelam uma quantidade proporcional à dureza da superfície do motor do laboratório, o ponteiro move-se numa escala para definir o valor do ressalto.

5. A máquina transmite para outro ponto e o processo repete-se.

6. O trabalho após a extremidade do dispositivo é reposto na posição original, colocando a cabeça no interior do dispositivo.

Método de ensaio:-

1. Selecionar uma área específica da amostra.

2. Efectuou um número de leituras de cerca de 15 para ler distribuídas na área.

3. A distância entre as duas leituras não pode ser inferior a 2,5 cm.

4. Calcula o número médio do número de ressalto.

5. Converte-se o número médio de cada ponto do ressalto em resistência à compressão (N/mm^2) ou (Kg/cm^2), utilizando a tabela que acompanha o aparelho, como mostra a fig. 3

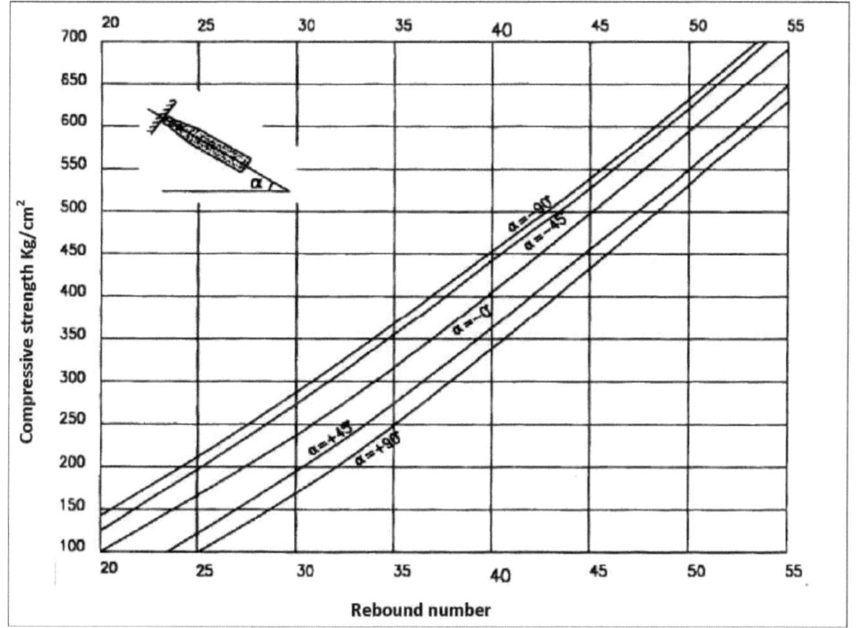

Fig3 Relação entre a resistência à compressão e o número de ressalto

O aparelho pode ser utilizado em diferentes ângulos, como se mostra na (fig. 4), e as leituras são corrigidas de acordo com a tabela seguinte (tabela 1).

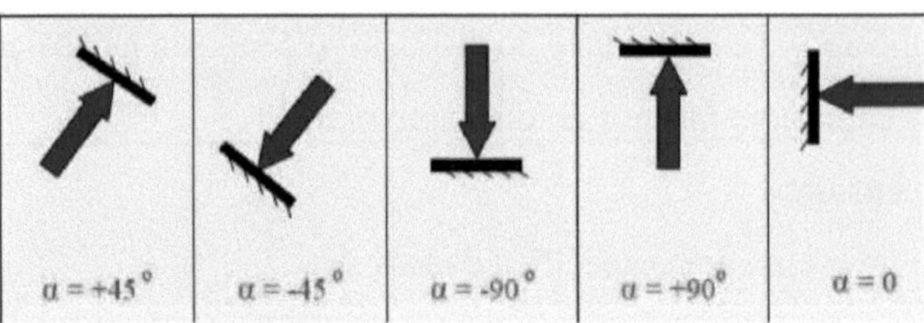

Fig4 Utilização do martelo em diferentes ângulos

Quadro 1: correção do número de ressalto

Número de ressalto	+90°	+45°	-45°	-90°
20	-5.4	-3.5	+2.5	+3.4
30	-4.7	-3.1	+2.3	+3.1
40	-3.9	-2.6	+2.0	+2.7
50	-3.1	-2.1	+1.6	+2.2
60	-2.3	-1.6	+1.3	+1.7

1.7 Ensaio ultrassónico (velocidade de impulso) [6]

Desta forma, os eventos são um pulsos ultra-sônicos para aplicar através do laboratório e suas transições são definidos tempo. Verificou-se que a velocidade dos impulsos através de um objeto sólido depende da densidade da matéria e das propriedades da resiliência testada, as utilizações do dispositivo são

1. Valor da resistência à compressão.
2. Detetar fissuras e lacunas no betão.

3. Medir a profundidade da camada de betão.
4. Determinar o grau de dano do betão.

Fig 5 Velocidade de impulso ultrassónico do ensaio do método

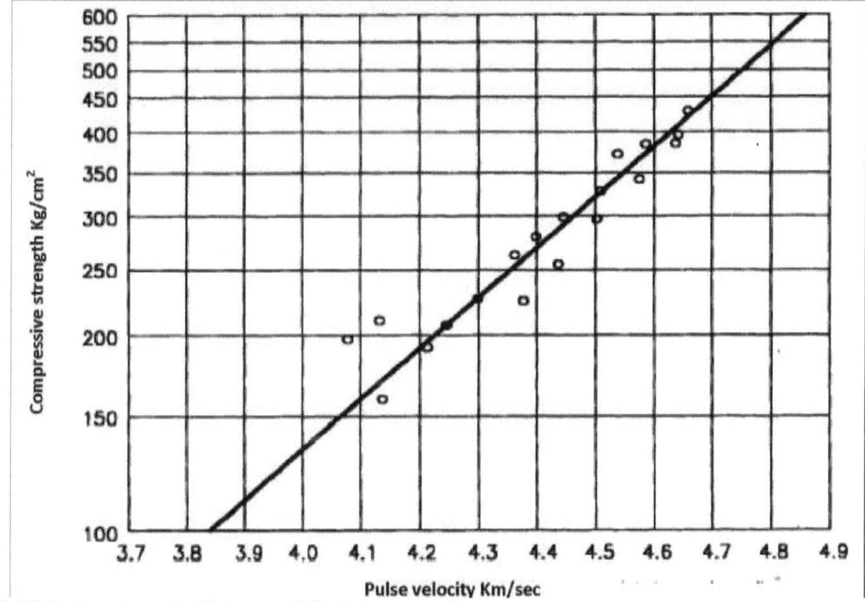

Fig6 Relação entre a velocidade e a resistência à compressão

Existem três métodos de teste:- O primeiro é o teste de resistência.

1. Transmissão direta.
2. Transmissão semi-direta.
3. Transmissão indireta.

O primeiro método utilizado no caso do remetente e a possibilidade de desenvolvimento futuro e esta situação representa uma melhor posição. No segundo método, a energia está a deslocar-se ao longo da superfície e no caso de acesso a apenas um elemento da superfície do laboratório. Neste caso, o processo é menos eficiente do que o primeiro, porque há mais energia a circular no betão.

O método indireto não é para os fracos de informação concreta, e determina o comprimento do caminho de forma menos precisa.

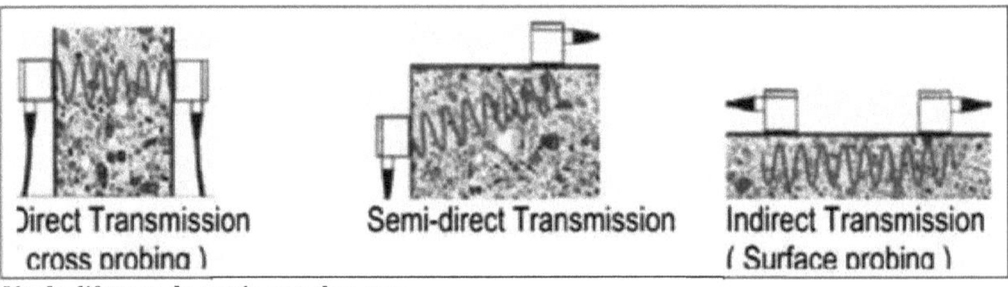

Fig 7 Método diferente de ensaio por ultra-sons

Capítulo 2
Trabalho experimental

2.1 Introdução

Neste capítulo, incluiu-se o estudo comparativo entre a sílica amorfa e a sílica cristalina (quartzo) com tamanho nanométrico adicionadas ao betão em proporções (5%, 10%, 15% e 20%) em substituição do peso do cimento.

2.2 Materiais

♦ Cimento

O cimento Portland comum fabricado pela fábrica de cimento (tasluga factory \ Bazian) foi utilizado em toda esta investigação. As tabelas (3) e (2) mostram as propriedades físicas e químicas.

Quadro 2 Propriedades químicas do cimento

Composição dos óxidos	Conteúdo %	Limites de (norma iraquiana) N.º 5/1984
CaO	52.21	-
SiO_2	20.18	-
Al_2O_3	5.00	-
Fe_2O_3	3.60	-
MgO	2.31	<5.00
SO_3	1.44	<2.80
L.O.I.	3.29	<4.00
Resíduo insolúvel	1.11	<1.5
Fator de saturação de cal, L.S.F.	0.94	0.66-1.02
Composto principal	s (equações de Bogue)	
C3S	57.04	-
C2S	14.83	-
C3A	8.60	-
C4AF	10.95	-

Tabela 3 Propriedades físicas do cimento

Propriedades físicas	Resultados dos testes	Limites de (norma iraquiana) N.º 5/1984
Área de superfície específica (método Blaine), m /kg^2	483	≥230
Tempo de regulação (aparelho Vicate), regulação inicial, h:min regulação final, h:min	2:50 4:30	≥00^5 ≤10^0
Método da solidez (Auto Clave), %	0.25	≤0.8

♦ **Agregado fino:-**

AL-Ekadir, na região de Karbala/Iraque, utilizou areia como agregado fino. A areia será lavada para remover quaisquer substâncias nocivas e peneirada de acordo com as especificações da norma iraquiana. O quadro (4) apresenta a análise granulométrica do agregado fino

Quadro 4 Análise granulométrica do agregado fino

Tamanho do peneiro (mm)	% de aprovação	% Aprovação de acordo com os limites da norma iraquiana n.º 45/1984
4.75	95	90-100
2.36	90	85-100
1.18	85	75-100
0.60	70	60-79
0.30	25	12-40
0.15	5	0-10
Módulo de finura = 2,3		

Fig8 Agregado fino após lavagem e peneiração

♦ **Agregado grosso:-**

O agregado grosso, que foi triturado até ao tamanho máximo de 12,5 mm, foi utilizado e lavado para remover qualquer poeira que reduzisse a aderência entre a pasta e o agregado grosso. Foi obtido na fonte AL - Nebai/Iraque. A Tabela (5) mostra a análise granulométrica.

Quadro 5 Análise granulométrica do agregado grosso

Tamanho do crivo (mm)	Selecionado % de aprovação	% de aprovação ASTM C330-87
12.5	95	90-100
9.5	70	40-80
4.75	15	0-20
2.36	5	0-10

Fig9 Agregado grosso após lavagem e peneiração

Fig10 Máquina de sacudir peneiras

Tipos de sílica

O SiO2 amorfo e cristalino foi adicionado em proporções (5%, 10%, 15% e 20%) por peso de cimento e as propriedades físicas são apresentadas na tabela (6), e as propriedades químicas são apresentadas na tabela (7). E (fig11 A) e (fig11 B) mostram X.R.D de sílica amorfa e cristalina (quartzo).

Tabela6 Propriedades físicas

	Sílica amorfa	Sílica cristalina (quartzo)
Tamanho da partícula	20 a 200 nm	15 a 100 nm
Densidade	2220 Kg/m^3	2270 kg/m^3

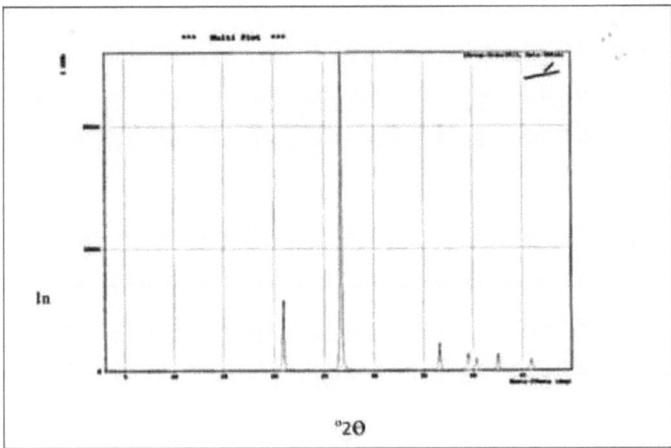

(Fig. 11 A) X.R.D. do Quartzo

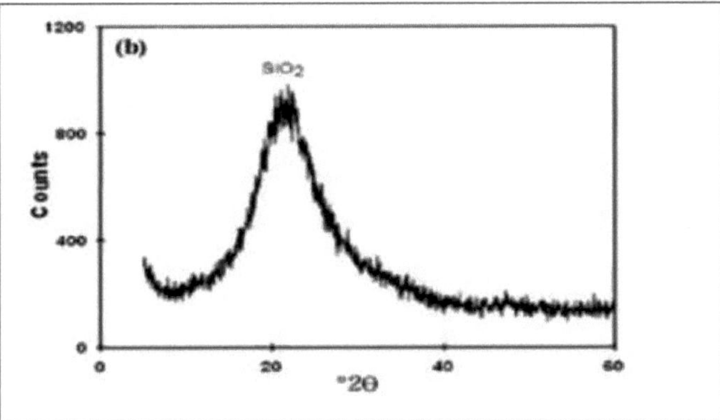

(Fig. 11 B) DRX do material amorfo

Tabela 7 Propriedades químicas

C Oinposições químicas	Sílica amorfa ⅝	Sílica cristalina (quaitz)9×o
SıO2	95.90	99.8
Fe2O3	1.30	0.03
CaO	0.41	0.11
MgO	0.38	0.01
Na2O	0.11	0.01
K2O	0.31	0.01
Perda de noção C.'	1.58	0.03

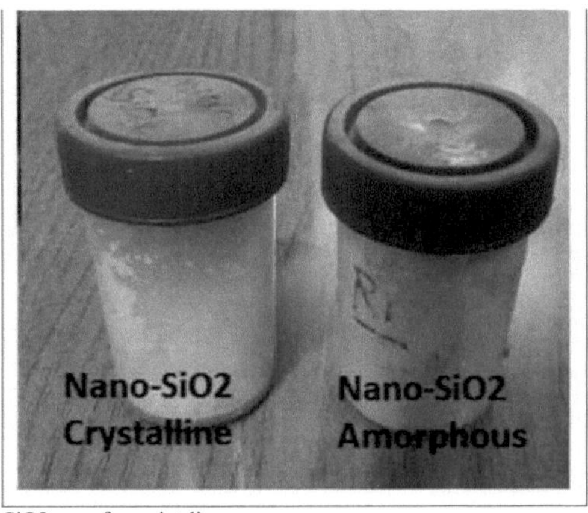

A figura 12 mostra o Nano-SiO2 amorfo e cristalino

2.3 Preparação de espécimes de betão:-

♦ Mistura de betão:-

Os pormenores das proporções das misturas são apresentados na Tabela (8). Todas as misturas adicionaram nanossílica como substituição parcial do teor de peso do cimento. Os espécimes foram moldados em moldes cilíndricos (100×200) mm para determinar a resistência à compressão e à tração e em moldes cúbicos (150×150×150) mm para determinar os ensaios não destrutivos.

Quadro 8 Pormenores das misturas utilizadas durante o presente estudo

Designação da mistura	Mistura Proporção	♦(W/C)	Amorfo Sílica	Sílica cristalina (quartzo)
1	3:2:1	0.5	0	0
2	3:2:1	0.5	5%	0
3	3:2:1	0.5	10%	0
4	3:2:1	0.5	15%	0
5	3:2:1	0.5	20%	0
6	3:2:1	0.5	0	5%
7	3:2:1	0.5	0	10%
8	3:2:1	0.5	0	15%
9	3:2:1	0.5	0	20%

*WZC: rácio **água/cimento**

Procedimento de mistura

Mistura de betão concebida (3:2:1), 3 partes de agregado grosso, 2 partes de agregado fino e 1 parte de cimento, o rácio de água foi de 0,5 pelo peso do cimento. Um total de 3 espécimes cilíndricos de betão com 100 mm de diâmetro e 200 mm de altura[10] e 3 espécimes cúbicos com 150×150×150 mm[11]. Os moldes foram lubrificados adequadamente para facilitar a saída do espécime e, em seguida, encher o molde com três camadas da mistura e com cada camada instilada por uma haste de compactação para garantir a saída das bolhas e a distribuição da mistura no molde. Após a moldagem e o acabamento, os provetes foram desmoldados após 24 horas de moldagem à temperatura ambiente e, em seguida, transferidos para o tanque de cura, colocado à temperatura laboratorial de 18 a 20 °C, para completar a hidratação do cimento durante 28 dias. Depois de os espécimes serem curados no tanque de água durante 28 dias, secam ao ar e ficam prontos para o ensaio.

A figura 13 mostra uma amostra de cilindro e de cubo

Capítulo 3

Resultados e discussão

3.1 Ensaios destrutivos

3.1.1 Resistência à compressão:-

O ensaio de resistência à compressão foi determinado de acordo com a norma (ASTM C 39-04)[12]. Para calcular a resistência à compressão do provete, divide-se a carga máxima suportada pelo provete durante o ensaio pela área média da secção transversal do provete.

Resistência à compressão = força / área Onde: Resistência à compressão: [MPa].

Força: [N].

Área: [mm]^2

Fig 14 Provete sob resistência à compressão

A carga foi aplicada perpendicular e continuamente no espécime utilizando uma máquina de compressão de ensaio hidráulico, como se mostra na (Fig. 14).

Os resultados da resistência à compressão dos espécimes que contêm Nano quartzo e sílica amorfa com rácios (5%, 10%, 15% e 20%) do peso do cimento são apresentados na fig. 15. De um modo geral, observou-se um aumento da resistência à compressão em todos os espécimes que adicionaram dois tipos de Nano sílica em comparação com a amostra de referência (sem aditivos) que registou (20MPa), também se observou que a resistência à compressão aumenta gradualmente ao aumentar a proporção de nanossílica, mas observou-se um aumento da resistência à compressão até atingir uma proporção final de 15% de nanossílica e, em seguida, uma diminuição da resistência à compressão na proporção de 20%, talvez isso se deva à proporção de sílica que se tornou uma grande quantidade de aditivo e isso levou a uma separação entre as partículas de cimento. E deduzimos também que o melhor rácio foi de 15% do peso do cimento de dois tipos de nanossílica (quartzo e amorfa). Por comparação entre os dois tipos de aditivos de nanossílica, observou-se que a nanossílica amorfa é melhor do que a nanossílica de quartzo para aumentar a resistência à compressão do betão, como mostra a figura abaixo, e isto deve-se ao facto de a sílica interagir com o hidróxido de cálcio livre resultante da interação do cimento com a água e de os compostos compostos serem insolúveis.

3.1.2 Resistência à tração por rutura:-

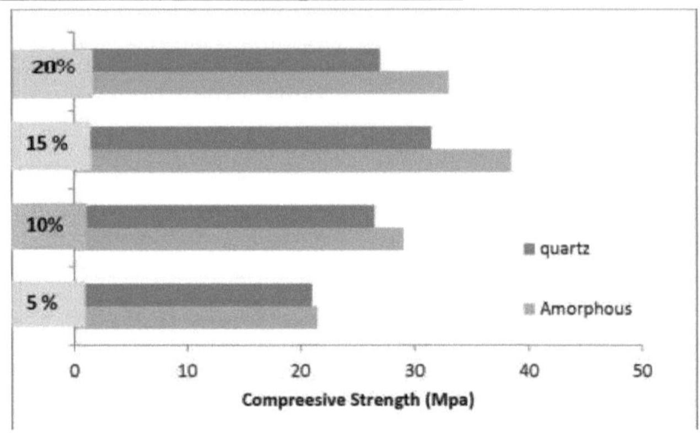

Fig. 15. Relação entre a resistência à compressão e o rácio de sílica amorfa e de quartzo

O ensaio de resistência à tração por compressão foi realizado de acordo com ASTM C 496-04[13]. Este método de ensaio abrange a determinação da resistência à tração por compressão de amostras cilíndricas de betão, tais como cilindros moldados. A resistência à tração por compressão dos cilindros foi calculada utilizando a seguinte equação:

T= 2P/ π D L

Onde:

T: Resistência à tração por rutura, (MPa).
P: Carga máxima aplicada, (N).
D: Diâmetro dos espécimes, (mm).
L: comprimento dos espécimes, (mm).

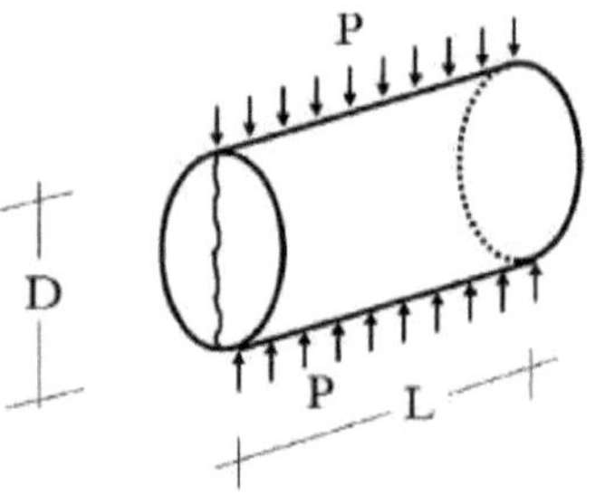

Um cilindro de betão é colocado com o seu eixo horizontal entre as placas de uma máquina de ensaio, como se mostra (Fig. 16). O provete de ensaio necessita de tiras estreitas de contraplacado para suporte, tiras essas colocadas entre o cilindro e as placas. Estas tiras têm normalmente 3 mm de espessura e 25 mm de largura, de acordo com a norma ASTM C496-04.

(Fig. 16) Espécime posicionado numa máquina de ensaio para determinação da resistência à tração por rutura

O betão endurecido resiste à resistência à compressão de forma significativa, por isso foi concebido um betão com deformações resistentes principalmente à pressão, mas que quanto à resistência às forças de tração (sejam elas diretas ou indirectas) são consideradas fracas à tração, quando comparadas com a resistência à pressão devido a este ser um material frágil, no entanto, os investigadores preocuparam-se com a resistência à tração no betão porque a maior parte da ocorrência de fissuras é causada pela pequena resistência à tração.

Os resultados do ensaio de resistência à tração foram apresentados e observados a partir dos resultados, como mostra a fig. 17, o efeito da adição de ambos os tipos de nanossílica aumenta a resistência à tração do betão, em comparação com a amostra de referência (sem aditivos) que foi registada (2,6 MPa). Uma comparação entre o efeito da Nano sílica amorfa e da Nano sílica cristalina no ensaio de resistência à tração, nota-se que o efeito da Nano sílica amorfa na resistência à tração é significativamente superior ao da Nano sílica cristalina e em todas as proporções de adição, isto deve-se como já foi referido anteriormente, talvez tenha acontecido interação entre a Nano sílica amorfa com o hidróxido de cálcio pela presença de água, ao contrário da Nano sílica cristalina que não interage com o cimento. Também se observou que o melhor rácio de adição foi de 15% de sílica do peso do cimento em ambos os tipos de sílica, mas ainda assim as amostras contêm melhor sílica amorfa do que sílica cristalina e, em geral, ambos os tipos de sílica são melhores do que a amostra de referência na resistência à tração.

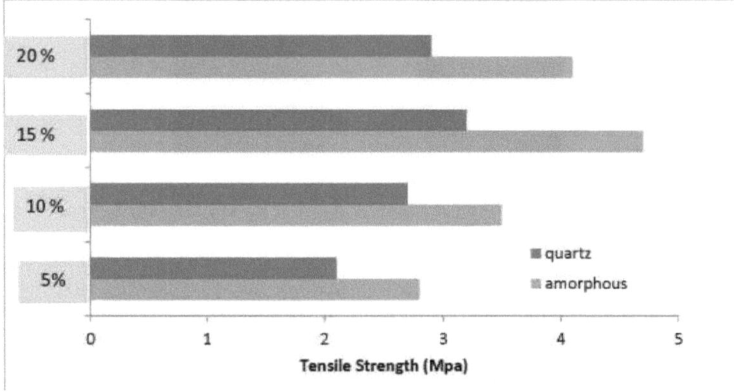

Fig. 17. Relação entre a resistência à tração e o rácio de sílica amorfa e de quartzo

3.2 Ensaios não destrutivos

3.2.1 Número de ressalto (martelo Schmidt):-

O espécime é testado por ensaio não destrutivo (Schmidt Hammer / **Proceq** Company). O ensaio é determinado pelo número de ressalto (R) do martelo nas superfícies dos provetes cúbicos, e os provetes testados tomam locais diferentes do mesmo provete, e determinam a média do número de ressalto, conhecendo depois a resistência à compressão a partir do número de ressalto, através da curva obtida com o dispositivo. O número de ressalto do espécime de betão sem aditivos registou (24,5) e, como se pode ver na curva abaixo (Fig. 19), o número de ressalto do martelo foi elevado na proporção de 15% em comparação com outras proporções de sílica amorfa, pelo que a resistência à compressão foi elevada de acordo com a curva do dispositivo, o que significa que a dureza do betão é boa. Também se observou que o rácio de 15% de sílica nanocristalina (quartzo), como mostra a Fig. 20, apresenta um elevado número de ressalto do martelo, em comparação com outro rácio, pelo que o rácio de 15% tem uma elevada resistência à compressão. De um modo geral, comparando a sílica nanométrica amorfa com a sílica nanométrica cristalina, verificou-se que a sílica amorfa tem um número de ressalto mais elevado e, por conseguinte, uma resistência à compressão mais elevada do que a sílica nanométrica cristalina.

Fig 18 Método de ensaio do martelo Schmidt

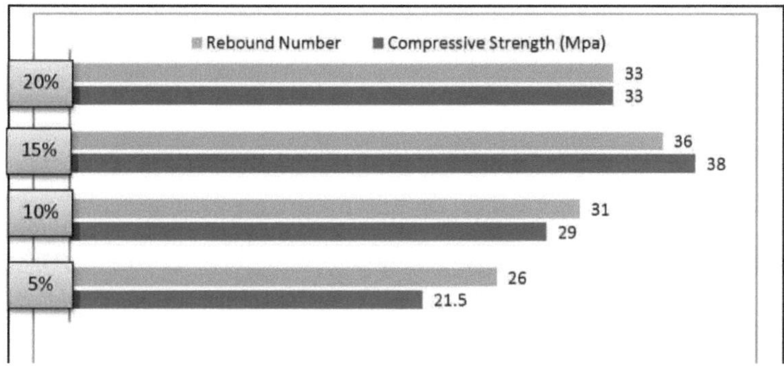

(Fig. 19) Relação entre R e a resistência à compressão de materiais amorfos

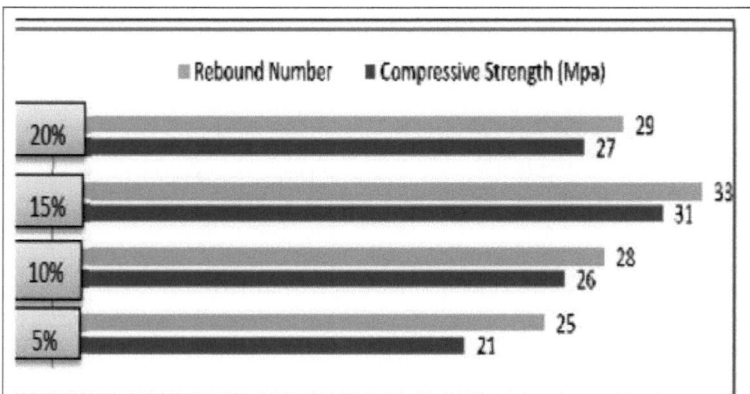

(Fig. 20) Relação entre o número de ricochete e a resistência à compressão do quartzo

3.2.2 <u>Ultrassónico (velocidade de impulso)</u>:-

Os provetes foram ensaiados por ultra-sons (laboratório pundit - empresa **Proceq**) para determinar a qualidade do betão, e não se mencionará aqui a forma de ensaiar e o mecanismo de ensaio, porque todos os detalhes foram mencionados na primeira parte (1.7). A velocidade de impulso do provete de betão sem aditivos registou (4,24 Km/s), e por 39

Determinar a velocidade de impulso do betão que contém sílica nanométrica amorfa mostra que a velocidade de impulso aumenta com o aumento dos aditivos, mas observou-se que a velocidade de impulso mais elevada foi de 15% do que as outras proporções de sílica nanométrica amorfa, como se mostra na (Fig. 21), também se observou que a velocidade de impulso do betão com sílica nanométrica cristalina aumenta com o aumento da proporção de aditivos, e a velocidade de impulso mais elevada foi de 15% do que a dos outros aditivos (Fig. 22). E a velocidade de impulso mais elevada registou-se com 15% de aditivos amorfos. Por conseguinte, todos os provetes apresentaram uma boa velocidade de impulso, mas o provete com 15% de amorfos foi excelente, de acordo com Neville, A.M. (Quadro 9)

(Quadro 9) Classificação da qualidade do betão com base na velocidade de impulso [14]

velocidade de impulso (km/s)	Qualidade do betão
>4.5 4.5-3.5 3.5-3.0 3.0-2.0 <2.0	excelente bom duvidoso pobre muito pobre

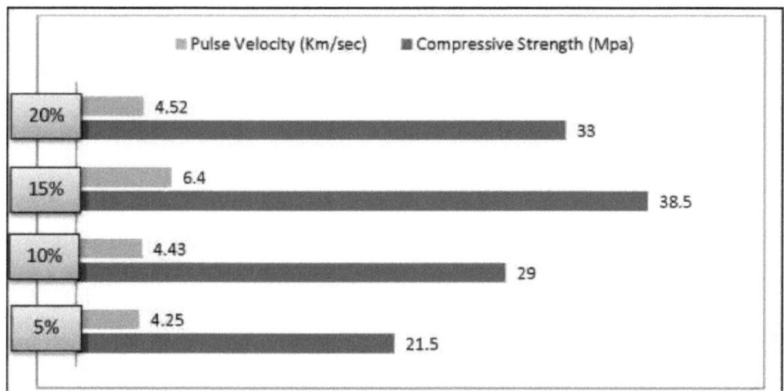

(Fig. 21) Relação entre a velocidade de impulso e a resistência à compressão da sílica amorfa

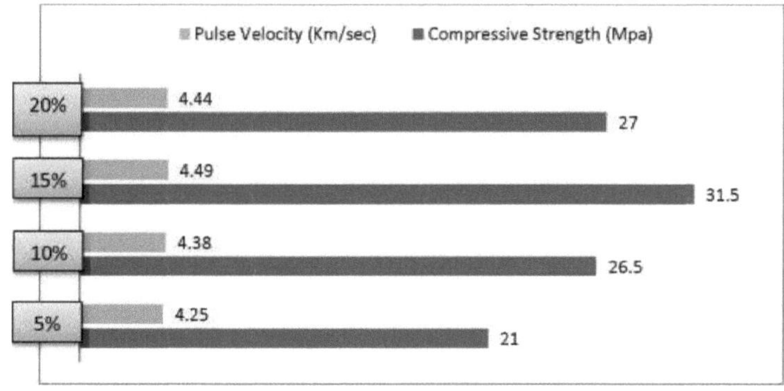

(Fig. 22) Relação entre a velocidade de impulso e a resistência à compressão do quartzo

3.2.3Absorção de água%:

Os provetes que contêm Nano-sílica amorfa mostram um decréscimo na absorção de água para as amostras aos 28 dias em comparação com o provete de referência (7,780 % de absorção), e isto deve-se à interação entre o hidróxido de cálcio do cimento com a sílica amorfa para fazer o componente insolúvel, e isto leva ao fecho dos poros existentes no interior do betão. Nota-se também uma diminuição da percentagem de absorção de água, se comparada a amostra que contém sílica cristalina com a amostra de referência, e isto deve-se ao tamanho nanométrico da sílica cristalina, que se comporta fechando os poros presentes na amostra de betão. Nota-se em geral, que a Nano sílica amorfa é melhor que a Nano sílica cristalina no ensaio de absorção de água a tabela 9 mostra todos os corpos de prova, este ensaio mede de acordo com a ASTM C642 [15].

Quadro 10 Absorção de água %

RÁCIO DE ADITIVOS	5%	10%	15%	20%
NANO QUARTZO	5.8	5	3.7	4
Nano-sílica amorfa	6.1	5.3	3	3.8

Capítulo 4

Conclusões e Recomendação

4.1 Conclusões do estudo:- A conclusão deste estudo é a seguinte

1. Existe um efeito claro da adição de nanossílica cristalina nas propriedades do betão, em comparação com o betão de referência.
2. Efeito da adição de nano-sílica cristalina nas propriedades do betão, em comparação com o betão de referência.
3. Maior força de compressão do que a força de tensão betão utilizando nano-sílica amorfa.
4. Maior força de compressão do que a força de tensão betão utilizando nano-sílica cristalina.
5. A melhor adição de nano-sílica amorfa foi de 15%, com esta adição aumentou a resistência à compressão e à tração do que todas as adições.
6. A melhor adição de nano-sílica cristalina foi de 15%, com esta adição aumentou a resistência à compressão e à tração do que todas as adições.
7. Ao adicionar nanossílica amorfa, a absorção de água diminuiu em comparação com a amostra de referência, e o melhor rácio foi de 15%, em que este rácio diminui a absorvância mais do que todas as adições.
8. Ao adicionar nanossílica cristalina, a absorção de água diminuiu em comparação com a amostra de referência, e o melhor rácio foi de 15%, em que este rácio diminui a absorvância mais do que todas as adições.
9. Através deste estudo, conclui-se que o efeito da nanossílica amorfa é melhor do que o da nanossílica cristalina no betão.
10. Concluímos, a partir deste estudo, que os resultados dos ensaios destrutivos foram muito próximos dos ensaios não destrutivos, o que mostra a clara influência dos dois tipos de nanossílica cristalina e nanossílica amorfa.
11. Concluiu-se também, com base no teste do martelo Schmidt, que o efeito da adição de nanossílica amorfa e cristalina na dureza superficial do

betão foi bom.

12. O teste ultrassónico (velocidade de pulso) mostra que a qualidade do betão aumenta com a adição de nanossílica amorfa e cristalina, e a melhor adição é de 15% em ambos os tipos de sílica.

4.2 Recomendações

1. O estudo requer a determinação do ensaio de retração, para conhecer a retração das amostras e as alterações que ocorrem nas dimensões das amostras.
2. Necessário para determinar o efeito do estado de humidade nas propriedades mecânicas do betão, utilizando diferentes condições de cura.
3. Expor a amostra a uma gama de temperaturas e estudar o efeito do aquecimento nas propriedades do betão para ambas as adições de sílica.

Referência:

[1] Shaker A.Saleh, Khassan (2011). "O efeito da adição de fibras de carbono em algumas propriedades do betão auto-adensável", Eng.& Tech. Journal, Vol.30, 2011.

[2] Maan S. Hassan, Zainab, Shyamaa (2010), "Estudo da compatibilidade entre materiais de reparação de metacaulino e substrato de betão", Eng.& Tech. Journal, Vol.28,2010.

[3] Li, H., Xiao, H.-G., Yuan, J., e Ou, J. (2004). "Microestrutura de argamassa de cimento com nano-partículas". *Composites Part B: Engineering*,Vol. 35, pp. 185-189.

[4] Mazloom, M., Ramezanianpour, A.A., e Brooks, J.J. (2004). "Efeito da sílica de fumo nas propriedades mecânicas do betão de alta resistência". Cement and Concrete Composites, Vol. 26, pp. 347-357.

[5] Toutanji, H. A. e El-Korchi, T. (1995). "As influências da sílica de fumo na resistência à compressão da pasta de cimento e da argamassa". *Cement and Concrete Research*, Vol. 25, pp. 1591-1602.

[6] Mahmod Emam,2002, "Betão", PP3-PP7.

[7] A.M.NEVILLE, J.J.BROOKS, "CONCRETE TECHNOLOGY"/ (SEGUNDA EDIÇÃO 2010, p. (2, 10, 12).

[8] Química do cimento (Harold F.W. Taylor) ACADEMIC PRESS\London\1990/ (p.1)

[9] [Properties of Ceramic Raw Materials/ W. Ryan/2ª edição/pp73,74].

[10] BS 1881-110:1983 Ensaio de betão. Método para fazer cilindros de ensaio de betão fresco.

[11] B.S. 1881: parte 108: 1993 "Método para fazer cubos de ensaio de betão fresco, 1993

[12] ASTM C39-04 "Standard Test Method for Compressive Strength of

Cylindrical Concrete Specimens" (Método de ensaio normalizado para a resistência à compressão de espécimes cilíndricos de betão), Annual Book of ASTM Standards, Vol. 04-02, 2004.

[13] ASTM C496-04, "Método de ensaio normalizado para a tração por rutura de peças cilíndricas
Concrete Specimens", Annual Book of ASTM Standards, Vol. 0402,2004.

[14] Neville, A.M., 1995, "Properties of Concrete", quarta edição, pp.631-632.

[15] ASTM C642-97," Standard test method of Density, Absorption, and Voids in Hardened Concrete" Annual Book of ASTM Standards, Vol.04-02,2004.

Printed by Books on Demand GmbH, Norderstedt / Germany